D. C. Jhariya
Neeraj Vishwakarma
Prabhat Diwan

Fundamentos do trabalho de campo geológico

D. C. Jhariya
Neeraj Vishwakarma
Prabhat Diwan

Fundamentos do trabalho de campo geológico

ScienciaScripts

Imprint

Cover image: www.ingimage.com

This book is a translation from the original published under ISBN 978-3-330-06652-6.

Publisher:
Sciencia Scripts
is a trademark of
Dodo Books Indian Ocean Ltd. and OmniScriptum S.R.L publishing group

120 High Road, East Finchley, London, N2 9ED, United Kingdom
Str. Armeneasca 28/1, office 1, Chisinau MD-2012, Republic of Moldova, Europe
Printed at: see last page
ISBN: 978-620-7-87372-2

Dedicado

para

Professores e alunos

Conteúdo

Prefácio

A geologia é a amálgama de diferentes disciplinas que explicam os processos internos e externos que ocorrem na terra. É considerada como o tema recém-nascido no qual estão a decorrer várias investigações. Embora se insira na disciplina científica que lida com factos e resultados, a geologia tem a sua própria caraterística única, ou seja, é principalmente realista nas observações de campo feitas durante o trabalho de campo.

O trabalho de campo é a parte essencial do estudo geológico, começa no nível de graduação e não tem limite. Tudo o que um aluno aprende nas aulas teóricas só se torna claro quando o experimenta no terreno. Há um limite para tudo o que se pode explicar com palavras, especialmente na geologia, que é um curso orientado para o terreno. Os processos operados e o seu mecanismo podem ser previstos a partir das características estruturais, texturas e outros indicadores que estão presentes nas rochas. Este tipo de interpretação depende totalmente do levantamento de campo e da forma como é efectuado pelo geólogo.

Existem certas regras e métodos que são seguidos pelos geólogos para efetuar levantamentos no terreno. É por isso que o conhecimento prévio do método de campo é importante. É muito difícil encontrar um documento escrito padronizado que forneça tudo sobre o método de campo e os seus vários aspectos. Isto deu-nos a motivação para preparar este livro.

Este livro tem um amplo espetro que ajuda as pessoas que querem saber mais sobre o campo e os métodos de campo e os preparativos que têm de ser feitos antes do trabalho de campo. Este livro trata principalmente da importância do trabalho de campo, das ferramentas e das técnicas utilizadas no campo, das técnicas de cartografia geológica, do estudo de afloramentos e da preparação de mapas geológicos e secções transversais. Através destes capítulos, fica-se com uma ideia completa do campo geológico, como os objectivos da geologia de campo, o acampamento de campo, o horário diário do estudo de campo, os pré-requisitos do acampamento de campo, os equipamentos de campo, os mapas e os seus componentes, o levantamento de reconhecimento, a cartografia geológica e os métodos relacionados, os estudos de afloramentos, incluindo a identificação de minerais, a direção de ataque, a preparação de mapas de base, etc. O conteúdo destes capítulos está escrito de tal forma que quem é novo neste domínio e também quem já tem conhecimentos de geologia pode facilmente compreendê-lo e apreciá-lo.

Agradecemos as sugestões e os conselhos que me ajudem a melhorar o livro. Apesar de este livro ser um espelho que reflecte as nossas experiências de campo e os conhecimentos adquiridos nos livros, há várias mãos amigas por detrás da cortina que deram o seu apoio sem fim para o moldar.

Estamos gratos aos nossos professores Late Prof. Prakash P. Rodey, Prof. P.O. Alexander, Prof. L. P. Chourasia, Prof. A. K. Shandilya, Prof. R. K. Trivedi, Prof. P. K, Kathal, Prof. S. K. Gupta, Prof. H. Thomas, Prof. S. H. Adil e Prof. R. K. Rawat, Department of Applied Geology, Dr. Harisingh Gour Central University Sagar, Madhya Pradesh, Índia, que nos introduziram no vasto e eterno campo da geologia e na sua parte mais interessante, o campo geológico.

Estamos profundamente gratos ao Sr. Niteesh Kumar Dutta, reformado, Diretor-Geral da Sociedade Geológica da Índia, pelo seu apoio inabalável e pela sua inspiração para completar este livro.

Gostaríamos de agradecer aos nossos colegas com quem passámos a nossa vida geológica, ajudando-nos a melhorar os nossos conhecimentos através da partilha e discussão de novas aplicações e aspectos do campo.

Agradecemos aos nossos estudantes que são os verdadeiros inventores e investigadores e que nos fizeram refletir sobre as novas possibilidades do campo e as motivações para escrever este livro. Os nossos sinceros agradecimentos aos académicos Indhulekha K, Tarun Kumar, Vinay Kumar Sahu e Rubia Khan, pelo seu trabalho dedicado até ao fim para tornar este livro interessante e informativo.

D.C. Jhariya
Neeraj Vishwakarma
Prabhat Diwan

Capítulo 1

Importância do trabalho de campo geológico

1.1 Introdução

O trabalho de campo é uma componente importante da geologia, ou podemos dizer que é uma ciência de campo. O trabalho de campo fornece amplos dados que dão pistas sobre a história evolutiva da Terra ao longo do tempo. Um estudante de geologia deve estar bem familiarizado com os aspectos de campo e ter também bons conhecimentos teóricos. Só se consegue uma compreensão completa do assunto quando se efectua um trabalho de campo pormenorizado. Pode ser considerado como a cola que une todas as diferentes subdisciplinas do estudo do nosso planeta. O estudo de campo trata tanto da forma de extrair informação do registo rupestre como da forma como essa informação pode ser utilizada numa variedade de formas académicas e aplicadas.

Os geocientistas utilizam diferentes técnicas de campo, incluindo estudos laboratoriais, para interpretar a história da Terra e para compreender os processos que ocorrem à superfície e sob a superfície da Terra. Os geólogos utilizam dados primários de campo relacionados com estudos de recursos, petrologia, geologia estrutural e estratigrafia em investigações geológicas. Em muitos casos, os geólogos também estudam solos, rios e paisagens e utilizam métodos geofísicos para investigar as condições geológicas do subsolo.

Lee J. Suttner (2011) afirmou que *"os meus colegas e eu acreditamos firmemente que os melhores geólogos são aqueles que vêem mais rochas"*. Lee J. Suttner (2011) enfatizou que, no estudo geológico, o trabalho de campo é importante. Para se tornar um geólogo, é preciso fazer geologia - e a geologia é melhor feita no campo e não na sala de aula. É no campo que muitas vezes se experimenta o que já se aprendeu. Aqui podemos aplicar os conhecimentos para resolver um problema real da forma como um geólogo profissional o aborda.

As recompensas de se concentrar exclusivamente na geologia durante um longo período de tempo são muitas. O grau de envolvimento no ambiente integrador de resolução de problemas e o grau de satisfação com a experiência de campo, trabalhando em condições físicas difíceis, determinam as perspectivas de carreira de cada um.

A concentração contínua e a longo prazo num único problema permite uma reflexão profunda e o reforço das competências. Por último, um período prolongado de trabalho, jogo e convívio com outros estudantes e professores transmite todas as importantes competências de equipa. É também uma parte importante da base das relações fraternas excecionalmente fortes que existem entre os geocientistas. Em suma, é apenas no terreno, e várias vezes por dia, que se tem a oportunidade de melhorar as competências no terreno à luz do método científico.

1.2 Objectivos da Geologia de Campo

Como exclamou Neil Armstrong, *"Os geólogos têm um ditado - as rochas lembram-se"*. Por isso, é necessário que todos os geólogos efectuem trabalho de campo para captar toda a informação científica gravada nas rochas. A cartografia geológica é a raiz de qualquer investigação geológica. É feito para compreender a natureza das unidades rochosas e a história geológica da área de estudo. O principal objetivo desta excursão de campo é adquirir a competência fundamental de campo geológico da cartografia. O trabalho de campo geológico enfatiza as habilidades básicas essenciais para um bom mapeamento de campo, incluindo a capacidade de:

a) Fazer observações e medições essenciais no terreno, tais como o mergulho e o batimento, utilizando bússolas e clinómetros, registar corretamente as observações no mapa de base e no local correto, reconhecer os principais tipos de rochas: ígneas, metamórficas, sedimentares e as suas subdivisões. Reconhecer as principais estruturas geológicas, tais como dobras, falhas, juntas e inconformidades, reconhecer os principais tipos de fósseis e observar as relações entre a geologia e as características da paisagem.

b) Localizar-se no terreno aplicando diferentes técnicas de auto-localização utilizando a toposheet no terreno.

c) Cartografar diferentes unidades rochosas.

d) Recolha de amostras e sua etiquetagem para determinar a composição das rochas e posterior estudo em secção delgada.

e) Medir e registar a inclinação e a inclinação dos estratos ou outras características planas no terreno.

f) Medir as dimensões (altura e largura)

g) Aprender a manter registos de campo precisos em fichas técnicas e cadernos de notas. Devem ser tiradas fotografias bem cuidadas e desenhados esboços para manter um registo das várias características importantes estudadas no campo. Devem ser registados esboços de campo adequados, limpos e actualizados, que incluam a escala e a orientação.

h) Construir mapas geológicos e secções transversais.

i) Redigir relatórios de campo adequados.

1.3 Campo de férias

O campo de férias é uma tradição na vida académica dos geólogos. Trata-se de uma atividade intensiva ao ar livre que aplica a formação em sala de aula e em laboratório para resolver problemas geológicos no terreno. As competências desenvolvidas durante o campo de férias incluem normalmente: recolha de dados geológicos, construção de secções medidas, interpretação de estruturas geológicas e preparação de notas de campo.

A maioria dos cursos de campo de geologia forma os alunos para ler mapas geológicos e utilizá-los no terreno para resolver problemas geológicos. Alguns cursos também fornecem instruções sobre o trabalho de campo e de escritório necessário para preparar um mapa geológico - muitas vezes utilizando tecnologia.

O conhecimento prévio do clima, da vegetação, do terreno e dos tipos de atividade física que serão praticados no campo ajudará a escolher o vestuário e os acessórios adequados, como sapatos, bonés e óculos de proteção, e a manter a forma física (http://geology.com/field-camp.shtml).

Durante o acampamento, cada aluno deve levar o seu saco-cama e colchão de ar, bem como artigos pessoais, como toalhas e sabão. Durante o acampamento, a cozinha e a alimentação são feitas em comissão. Espera-se que cada um contribua com a sua parte nas tarefas como cozinhar, lavar a loiça e manter o acampamento limpo. A maior parte das tarefas são atribuídas numa base rotativa.

1.4 Horário diário do estudo de campo

"Pequenas disciplinas repetidas com consistência todos os dias levam a grandes conquistas obtidas lentamente ao longo do *tempo."* ***John C. Maxwell***

Tendo em conta o exposto, pode inferir-se que a disciplina e o horário correto são duas partes integrantes do trabalho de campo geológico. Um geólogo deve estar presente no afloramento quando a primeira luz do sol atinge a superfície da terra. Tomar o pequeno-almoço de manhã cedo mantém um bom estado de espírito para se concentrar no trabalho. A discussão em grupo, juntamente com a marcação dos dados no mapa de base, também ajuda a compreender corretamente a geologia da área a cartografar.

Uma melhor perspetiva dos conceitos geológicos é desenvolvida através da manutenção do relatório diário de campo. Jantar à hora certa e um sono saudável preparam a mente e o corpo para uma nova manhã de aventuras para explorar vários aspectos da geologia. Determinar os horários em que o trabalho deve ser efectuado e definir as prioridades do trabalho a realizar. A Tabela 1 apresenta um calendário diário provisório para os trabalhos geológicos de campo.

Tabela 1. Horário diário seguido durante os trabalhos de campo.

S. Não.	Horários	Horário
1	6.00 a.m. a 6.30 a.m.	Pequeno-almoço/ Apresentação de relatórios
2	Das 6h30 às 6h45.	Hino nacional e oração
3	Das 6h45 às 7h00.	Discussão dos trabalhos de campo
4	7.00 a.m. a 1.30 p.m.	Trabalhos de campo
5	1.30 p.m. a 2.00 p.m.	Pausa para almoço
6	Das 14:00 às 15:30 horas.	Pausa para descanso / Banho

7	15:30 às 16:30 horas.	Plotagem de dados de campo no mapa de base/Listagem de amostras/Listagem de fotografias, etc.
8	16:30 às 18:00 horas.	Jogos de azar
9	6.00 p.m. às 6.30 p.m.	Pausa para o chá
10	6.30 p.m. às 8.00 p.m.	Discussão/Palestra
11	8.00 p.m. às 9.00 p.m.	Jantar
12	9.00 p.m. às 10.00 p.m.	Redação de relatórios

1.5 Pré-requisitos para o campo de férias

Aprender a fazer trabalho de campo é uma das actividades mais importantes que se deve aprender enquanto estudante de geologia. O trabalho de campo é uma parte vital do currículo de qualquer estudante de geologia. Os pré-requisitos para o trabalho de campo incluem: conhecimentos de Petrologia, Geologia Estrutural e Estratigrafia com um grau mínimo de Licenciatura. No campo, as actividades físicas são mais numerosas, pelo que é necessária aptidão física. É também necessário vestuário e calçado adequados às condições climatéricas. O campo situa-se em zonas remotas, pelo que é necessário levar uma caixa de primeiros socorros.

Capítulo 2

Ferramentas e técnicas de trabalho de campo geológico

2.1 Equipamentos de campo

Os instrumentos de campo que acompanham a maioria dos geólogos de campo totalmente equipados numa expedição de cartografia e recolha de amostras incluem mapas topográficos/geológicos existentes, a bússola Brunton/clinómetro, receptores GPS portáteis, fita métrica, balança e transferidor. O geólogo deve normalmente levar um caderno de campo, lentes de mão, martelo geológico, garrafa de ácido, faca, placa de estrias, íman, pás ou colheres de pedreiro, sacos de amostras, canetas e lápis. São também necessários uma caixa de dureza, óculos de proteção, fotografias aéreas e imagens de satélite, mapas e literatura, equipamento de campismo, máquina fotográfica, diário de campo e mochila. Uma vez que qualquer observação feita no terreno ou amostra recolhida tem uma dimensão espacial importante. Talvez o equipamento mais importante de um geólogo de campo seja o recetor GPS. Para a realização de qualquer trabalho geológico de campo, são necessários os equipamentos de campo necessários, que são listados e explicados a seguir.

2.2 Mapas

Um mapa é uma representação visual bidimensional de uma parte da Terra ou de todo o globo terrestre e das características da sua superfície a uma determinada escala. O mapa é sempre desenhado numa determinada escala, tendo como referência o norte geográfico.

2.2.1 Escala

A escala do mapa indica a relação entre o comprimento de uma linha num mapa e o comprimento da mesma linha no solo, referido horizontalmente. Com base na escala, os mapas são classificados em mapas de "pequena escala" e "mapas de grande escala".

A escala do mapa é representada pela FR (fração representativa) ou distância do mapa/distância ao solo=1/50000=1cm/500m. Isto significa que 1cm no mapa representa 500 metros no solo.

Um mapa de pequena escala (1:2,50,000) cobre uma grande área de terra e mostra menos pormenores, enquanto que um mapa de grande escala (1:10,000) cobre uma pequena área de terra e mostra mais pormenores.

2.2.2 Direção

A direção é utilizada para localizar um ponto no mapa com referência aos pontos cardeais (Norte (N), Sul (S), Este (E) e Oeste (W)).

2.2.3 Grelha

As latitudes e longitudes com os seus valores correspondentes estão presentes no mapa.

O mapa topográfico e os mapas geológicos são muito importantes para o estudo geológico.

2.3 Mapa topográfico

O mapa topográfico é o mapa que mostra o tamanho, a forma e a distribuição dos elementos na superfície da terra. As características do mapa topográfico são classificadas em três grupos:

- **Relevo -** Colinas, vales, planícies, falésias, etc. São indicados com uma cor castanha.
- **Drenagem -** Inclui massas de água, tais como mares, lagos, lagoas, rios, riachos, canais, pântanos, etc. São indicadas a azul e os afluentes a preto.
- **Características culturais/ povoamento** - Inclui elementos criados pelo homem, como vilas, cidades, estradas, caminhos-de-ferro, fronteiras, etc. Segue um padrão específico e é indicado a preto. Por vezes, as florestas de reserva protegidas são indicadas com uma tonalidade verde. A base do mapa topográfico contém uma chave, uma legenda ou um índice

Os mapas topográficos são elaborados pelo Survey of India. Estão disponíveis as seguintes fichas topográficas: -

- Toposheet de um quarto de polegada à escala 1 polegada=4 milhas ou com um R.F.= 1:2,53,440
- Toposheet de uma polegada na escala de 1 polegada = 1 milha ou R.F. = 1:63.360.
- Escala métrica Toposheet na escala 1 cm = 500 m ou R.F. = 1:50.000.

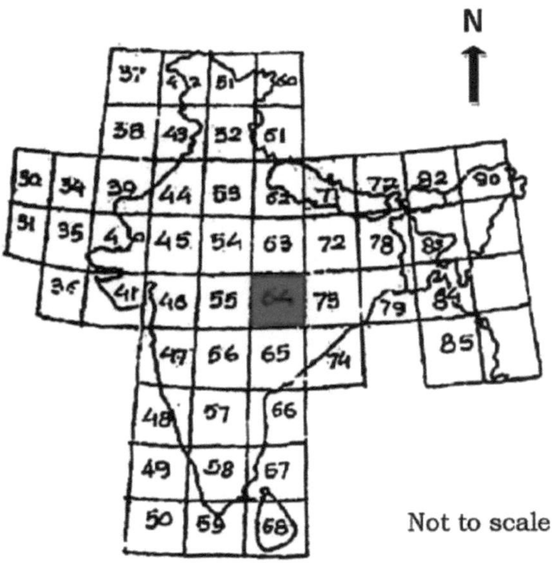

Fig.2.1a. Mapa de índice das folhas de mapa do Survey of India (SOI).

O Survey of India preparou mapas topográficos para a Índia à escala de 1:10, 00,000. Cada mapa deste tipo representa uma área, que é igual a 4° de latitude e 4° de longitude e tem o seu número único, ou seja, 45, 64, 73, etc.

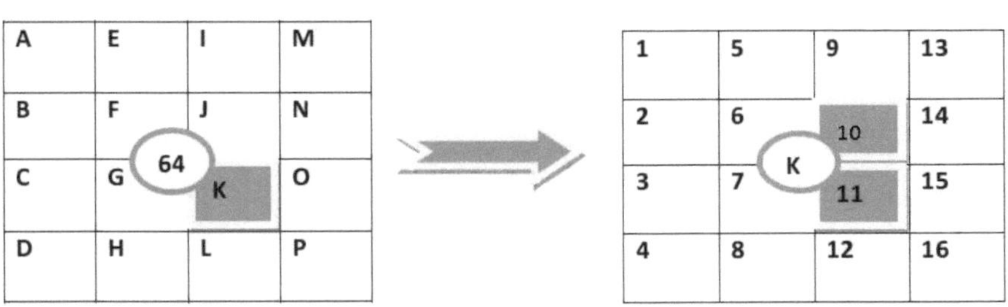

Fig.2.1b. Mapa índice das folhas de mapa do Survey of India (SOI).

A área da grelha entre 4° de latitude e 4° de longitude foi subdividida em 16 grelhas a um intervalo de 1° de latitude e 1° de longitude e foram designadas por A, B, C, D ...O e P. Estas toposheets são referidas como Quarter Inch Toposheets. Cada folha de um quarto de polegada é novamente subdividida em 16 pequenos quadrados num intervalo de 15' de latitude e 15' de longitude; e rotulados como 1, 2, 3, ... 15 e 16 (Fig. 2.1a). A folha topográfica de qualquer zona pode ser obtida junto do Instituto de Estudos da Índia, bastando para tal indicar o seu número.

2.4 Mapa geológico

Um mapa geológico mostra a configuração geológica de uma área em termos de ocorrência e distribuição de vários tipos de rochas. Para além dos afloramentos, o mapa também revela as atitudes e a estrutura das rochas e a sua associação com a topografia e a drenagem. Os mapas topográficos são utilizados como mapa de base para a preparação de mapas geológicos. Os mapas geológicos ajudam a prever a geologia do subsolo. A cartografia geológica requer os seguintes procedimentos.

- Exame das rochas
- Escala do mapa
- Marcação da localização dos afloramentos no mapa de base
- Plotagem de diferentes litologias no mapa de base
- Plotagem dos dados de campo no mapa (dip e strike)
- Interpretar a sucessão geológica da zona.

As características importantes de um mapa geológico são as seguintes

- O mapa geológico mostra os contactos entre várias unidades rochosas.
- As idades relativas dos estratos são normalmente indicadas por um índice. No índice, os diferentes leitos rochosos são dispostos por ordem decrescente de idade, de baixo para cima. A formação mais antiga é colocada na base da coluna e a mais jovem no topo.
- No mapa geológico, são também indicados o mergulho e o batimento observados do leito. Os ângulos de mergulho são indicados por valores colocados acima do símbolo

de mergulho e de batida.

- Na área dos estratos dobrados, as formações rochosas individuais aparecem no mapa em cinturas cujo padrão indica a natureza e os tipos de dobras envolvidas.
- As falhas indicam um padrão de deslocamento abrupto.

2.5 Bússola

A Bússola é um instrumento utilizado pelos geólogos durante a cartografia para medir a atitude dos leitos, para nos localizarmos e também para as direcções. A bússola indica a direção horizontal em relação à terra por meio de uma agulha magnética que oscila livremente num pivô num plano horizontal e cuja extremidade está sempre a apontar para o norte magnético. Existem principalmente três tipos de bússolas utilizadas nos trabalhos geológicos de campo.

a) Bússola Clinómetro

b) Bússola Brunton

c) Bússola Brunton avançada

2.5.1 Bússola Clinómetro

É constituído por uma caixa circular de metal (latão) com vidro. Tem duas partes principais, a saber, a bússola e o clinómetro (Fig. 2.2). A bússola do clinómetro é utilizada para medir o mergulho, o golpe, o ângulo vertical de inclinação e a direção. A bússola é constituída por uma agulha magnética que se move livremente e que está centrada no centro da caixa. A caixa é constituída por um mostrador graduado em graus. O círculo exterior está graduado de 0 a 360° e o círculo central está graduado de 0 a 90°. Da base do pivô pende livremente um pêndulo com um ponteiro que permite registar as leituras de 0° a 90°. O instrumento está equipado com uma ponte que pode ser rodada em torno do eixo N-S do mostrador. Esta pode ser colocada sobre um plano inclinado e o desvio do pêndulo em relação a 0° dá o valor de uma quantidade de mergulho. O pêndulo indica 0° quando o plano é horizontal. O movimento livre da agulha magnética e do pêndulo pode ser interrompido com uma chave fornecida no corpo do instrumento. Durante a medição da atitude de qualquer plano, mede-se primeiro a quantidade e a direção do mergulho e, em seguida, mede-se o golpe.

Fig. 2.2. Bússola de clinómetro.

2.5.2 Bússola Brunton

A bússola Brunton foi desenvolvida por um geólogo do Colorado chamado David W. Brunton e daí o nome. Este instrumento utiliza amortecimento por indução magnética em vez de fluido para amortecer as oscilações da agulha. O instrumento é amplamente utilizado para a medição exacta das medições de grau e direção no terreno. Consiste numa caixa metálica de oito lados (latão/alumínio) com uma agulha magnética no centro e um espelho de observação dobrável com uma janela, através da qual se pode ver o objeto distante pretendido (Fig. 2.3.). Existe uma tampa de espelho, que nos permite registar simultaneamente as orientações e manter a bússola nivelada em várias posições.

Em primeiro lugar, o observador vira-se para o objeto cuja direção deve ser tomada. O mostrador da bússola é mantido horizontalmente ao nível da cintura, mantendo a extremidade norte da agulha estável e afastada do observador, e depois lê-se a extremidade norte da agulha. Isto dá a orientação de todo o círculo do objeto. É também conhecida por Brunton pocket transit.

Fig. 2.3. Bússola Brunton.

Os métodos utilizados para medir o mergulho, o batimento e a direção de orientação são os seguintes

a) Medição da direção de todo o círculo: Em primeiro lugar, todos os observadores se viram e estão virados para o objeto cuja direção deve ser tomada. O mostrador da bússola é mantido horizontalmente ao nível da cintura, mantendo a extremidade norte da agulha estável e afastada do observador, e depois lê-se a extremidade norte da agulha. Isto dá a direção de todo o círculo do objeto.

b) Medição da direção de ataque: Para medir a direção de ataque, a bússola é mantida horizontalmente de modo a que a linha N-S da bússola fique na direção do ataque do afloramento. Quando a agulha fica estável, regista-se a direção da agulha, que é a direção de ataque.

c) Medir a quantidade e a direção do mergulho: Para medir o ângulo de imersão de qualquer plano, manter os lados do compasso verticalmente sobre o plano e, em seguida, mover lentamente o pêndulo até que a bolha linear fique centrada. A leitura é registada, o que dá o valor do mergulho verdadeiro. Para medir a direção do mergulho, a bússola é mantida horizontalmente na direção do mergulho e, em seguida, anota-se a leitura da extremidade norte da agulha quando esta se torna estável. Isto dá a direção do mergulho.

d) Medição da diferença de elevação por nivelamento: A medição é iniciada estando no ponto mais baixo de dois pontos. Encontrar um ponto no solo que esteja nivelado a olho nu e num percurso que possa ser percorrido a pé entre os dois pontos extremos. Quando a primeira visão nivelada é feita, diz-se à outra pessoa para se colocar nesse local e é mantida à vista enquanto caminha em direção à pessoa que se encontra no local deste marcador. A pessoa é enviada ao nível dos olhos mais para cima e o procedimento repete-se até se atingir o ponto. O número de movimentos é registado e multiplicado pela altura do topógrafo. Com a leitura fraccionada, a estimativa pode ser feita para os pés pares ou meio pé mais próximos.

2.5.3 Bússola Brunton avançada

Trata-se de um novo tipo de bússola, que é amplamente utilizado para obter com maior exatidão o mergulho e o batimento do elemento plano (Fig.2.4.), procedimento para determinar a atitude do elemento plano ilustrado da seguinte forma

a) A bússola é mantida na horizontal de modo a que a direção norte-sul

A agulha da bússola está na direção do ataque do afloramento. O nivelamento da bússola é obrigatório. Agora, o azimute da bússola é rodado de modo a coincidir com o círculo vermelho com a agulha de orientação para norte. A leitura pode ser visualizada a partir da linha de índice ampliada.

b) Para encontrar o mergulho - Em primeiro lugar, o azimute da bússola é fixado em 90^0 ou 0^0 direcções na bússola, depois a extremidade longa ou curta da base da bússola Brunton é mantida em ângulo reto com a linha de ataque do afloramento (plano de assentamento). Enquanto se observa a leitura da bússola Brunton, o dispositivo é cuidadosamente rodado de forma a encontrar a linha de máximo mergulho.

Fig. 2.4. Bússola Brunton avançada.

c) Para encontrar a direção de imersão - A bússola é orientada de modo a que a sua extremidade posterior coincida com a extremidade plana da rocha. O nivelamento é efectuado mantendo a bolha na horizontal. Agora, a seta que indica o norte coincide com o norte e a leitura do azimute é efectuada.

Precauções

- Para facilitar o movimento livre da agulha, o mostrador deve manter-se horizontal em relação à superfície com a ajuda de uma bolha central.
- A leitura é registada quando a agulha fica parada.
- As substâncias magnéticas, como o martelo, o molho de chaves, o cinto, etc., são mantidas afastadas do instrumento para evitar a atração magnética entre a agulha magnética e os elementos magnéticos susceptíveis.
- Assim que a leitura é efectuada, a agulha e o pêndulo devem ser bloqueados para os proteger de utilizações desnecessárias.
- Para evitar erros de paralaxe, o olho do observador é mantido verticalmente acima da agulha enquanto a leitura é efectuada.

2.6 Martelo geológico

O trabalho de campo geológico exige a recolha de amostras de rocha, para o que é necessário o martelo geológico. Trata-se de uma ferramenta manual com uma cabeça rígida e pesada e um cabo. O martelo é essencial para a lascagem e a recolha de amostras de rocha.

O martelo geológico é constituído por duas extremidades

a) De ponta plana (sem corte): utilizada para partir pedras.

b) Cinzel (afiado): utilizado para aparar e dimensionar o espécime

Os martelos são maioritariamente feitos de aço resistente. O peso do martelo geológico varia entre 0,5 kg e 5 kg. A fotografia dos martelos geológicos acima referidos é ilustrada na Fig.2.5.

Fig. 2.5. Martelo geológico.

2.7 Objetiva de bolso e objetiva de mão

É um instrumento necessário para identificar os grãos minerais que não são visíveis a olho nu numa amostra de mão. Os pequenos grãos minerais, bem como a relação textural dos grãos minerais na rocha, podem ser identificados por este instrumento. Geralmente, são utilizadas objectivas de 5x, 10x e 20x. A fotografia de uma lente de mão e de uma lente de bolso é ilustrada na Fig.2.6 (a) e na Fig.2.6 (b), respetivamente.

Fig. 2.6 (a). Pocket Lens.

Fig. 2.6 (b). Hand Lens.

2.8 Placa e canivete

A placa de estrias é um instrumento muito necessário para identificar a estria, que é a propriedade física importante dos minerais, ou seja, a cor do pó do mineral. A placa de traços é simplesmente uma placa de porcelana não vidrada (Fig. 2.7 (a)), na qual o mineral é esfregado e a cor do seu pó é determinada (Fig. 2.7 (b)). A estria é normalmente determinada pela produção de uma marca com o mineral na superfície de uma placa de porcelana branca não vidrada. O mineral é assim cuidadosamente e convenientemente riscado contra o fundo branco da placa de porcelana. Se, por outro lado, um mineral for mais duro do que a placa de porcelana, não produzirá uma marca na placa.

Fig. 2.7(a). Streak plate.

Fig 2.7 (b). Mineral producing the mark on the streak plate.

2.9 Caixa de dureza

A dureza de um mineral é a propriedade de resistência oferecida por um mineral à abrasão ou ao risco. É determinada esfregando um mineral de dureza desconhecida contra um mineral de dureza conhecida. A dureza pode ser determinada com a ajuda da escala de dureza de Moh, na qual dez minerais estão dispostos por ordem crescente da sua dureza (Fig.2.8).

Fig. 2.8. Caixa de dureza.

A faca é utilizada principalmente no campo para determinar a dureza dos minerais

(Fig.2.9), riscando a faca na superfície do mineral é possível identificar a dureza do mineral comparando-a com a escala de dureza de Moh (Tabela 2.).

Fig. 2.9. Canivete de bolso.

Tabela 2. Escala de dureza de Moh.

S.No.	Hardness	Mineral	Chemical Composition	Remarks
1	**1**	TALC	$[Mg_3Si_4O_{10}(OH)_2]$	Scratched by finger nail (Hardness 2.5)
2	**2**	GYPSUM	$[CaSO_4.2H_2O]$	
3	**3**	CALCITE	$[CaCO_3]$	Scratched by a Knife (Hardness 5)
4	**4**	FLUORITE	$[CaF_2]$	
5	**5**	APATITE	$[Ca_5(PO_4)_3(OH,F,Cl)]$	
6	**6**	ORTHOCLASE	$[KAlSi_3O_8]$	Scarcely scratched by a knife (Hardness 6.5)
7	**7**	QUARTZ	$[SiO_2]$	
8	**8**	TOPAZ	$[Al_2(F,OH)_2SiO_4]$	Not Scratched by a Knife
9	**9**	CORUNDUM	$[Al_2O_3]$	
10	**10**	DIAMOND	[C]	

2.10Íman

Um pequeno íman, geralmente em forma de ferradura e em barra (Fig. 2.10), faz normalmente parte do equipamento de campo. Uma vez que a sua proximidade é suscetível de influenciar e mesmo danificar a agulha magnética de uma bússola, deve ser transportado a uma distância segura da bússola.

Fig. 2. 10. Íman.

2.11Fita métrica, balança e transferidor

Uma fita de aço de 30m/15m ou de tecido reforçado (Fig.2.11(a)) é necessária para medir distâncias. Deve ser graduada tanto em metros e centímetros como em pés e polegadas. É necessária para a maior parte dos trabalhos geológicos.

É necessária uma escala de plástico transparente de 30 cm ou uma régua de 15 cm para efetuar medições em toposheets (Fig. 2.11b). Os transferidores (semicírculo/círculo completo) devem ser levados para o campo, uma vez que são úteis para marcar ângulos durante a cartografia e o desenho (Fig. 2.11(c)). Também é utilizado para marcar símbolos de mergulho, batida, juntas, folhagens, etc. É utilizada para a determinação de localizações através de intersecções de rolamentos.

Fig.2.11(a). Measuring Tape.

Fig.2.11(b). Scale.

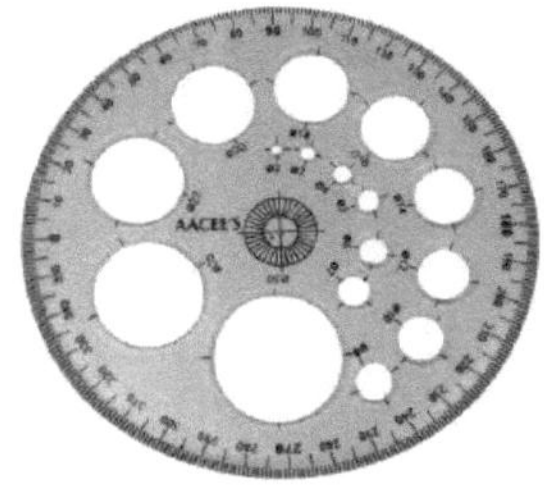

Fig.2.11(c). Full circle Protector.

2.12Diário de Campo

Um diário de campo é utilizado para registar as observações feitas no terreno (Fig.2.12). As notas de campo devem ser breves mas claras. Devem conter informações sobre a localização exacta do afloramento, a natureza da rocha, os golpes de imersão dos leitos e as características estruturais, etc. De acordo com R.J. Carson, (2000) um excelente caderno de campo serve muitos objectivos potenciais.

1. Trata-se de um registo valioso do que foi observado, ouvido, discutido e pensado no terreno.

2. Contém os dados que podem levar a uma apresentação oral, a um artigo e/ou a uma tese.

Por uma ou mais destas razões, guarde o seu caderno num local seguro. Um caderno de campo deve melhorar e não interferir com a aprendizagem.

Fig. 2.12. Diário de campo / livro de notas.

2.13Óculos de proteção

Os óculos de proteção (Fig. 2.13) são utilizados durante a amostragem para proteger os olhos das partículas de rocha durante a martelagem.

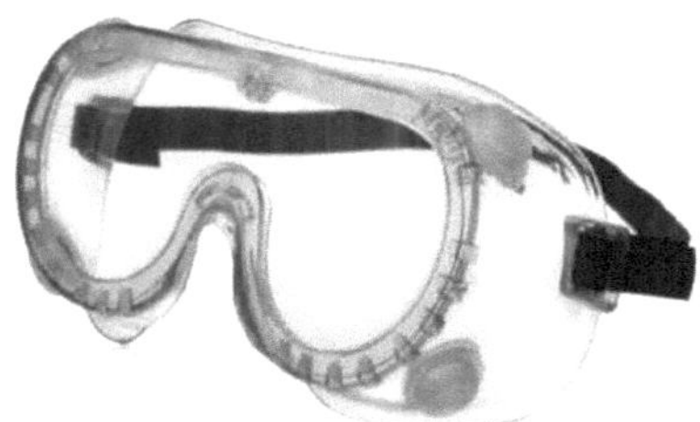

Fig.2.13. Segurança Google.

2.14saco de milho

É necessário transportar para o campo numerosos objectos e espécimes, para os quais se deve utilizar um saco resistente de lona ou nylon (Fig. 2.14). Este saco é conhecido por "Haversack".

Fig.2.14. Saco Geológico de Haver.

2.15HCl diluído

O ácido clorídrico (HCl) diluído é muito útil durante o mapeamento no terreno. É difícil e perigoso transportá-lo durante a recolha efectiva das amostras de rocha e o processo de cartografia no terreno. Por isso, o mineral de carbonato suspeito ou uma rocha podem ser testados com ácido clorídrico diluído. HCl diluído após o regresso ao acampamento. Os minerais de carbonato ou as rochas são confirmados por tratamento com ácido HCl diluído (Fig. 2.2). HCl diluído (Fig. 2.15). A calcite dá efervescência, mas a aragonite não apresenta qualquer reação. O papel do ácido HCl diluído. O papel do ácido HCl diluído é especialmente útil quando a matriz da rocha sedimentar tem de ser determinada durante o exercício de cartografia. Se a rocha efervescer, confirma a presença de minerais de carbonato (calcite).

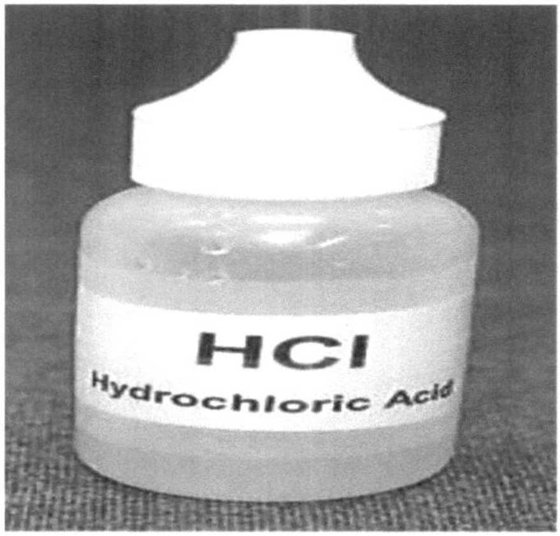

Fig. 2.15. Ácido clorídrico.

2.16Câmara

É quase uma parte essencial de um trabalho geológico de campo. Devem ser utilizadas câmaras com grande poder de ampliação e boas objectivas (Fig.2.16).

Fig. 2.16. Câmara.

2.17Sistema de Posicionamento Global (GPS)

É o Sistema de Posicionamento Global (Fig.2.17) (sistema de navegação por satélite) que é utilizado para o posicionamento para navegação, levantamento topográfico e recolha de dados SIG (Chandra, 2016).

Fig. 2.17. Sistema de Posicionamento Global (GPS).

Os dois tipos diferentes de unidades GPS são a versão comercial e a versão profissional. A versão comercial tem uma precisão típica de 4-9 m nos eixos X e Y e de cerca de 50 m no eixo Z. Para a maioria das aplicações geológicas de campo, uma unidade comercial é adequada.

A posição de um objeto é determinada pela referência dos valores de longitude e latitude nesse ponto. É definida por parâmetros como graus, minutos e segundos. Outro esquema de medição é o Universal Transversa de Mercator (UTM). Trata-se de uma projeção de linhas de grelha sobre uma esfera.

Capítulo

Técnicas de cartografia geológica

3.1 Introdução

O principal objetivo do trabalho de campo é preparar o mapa geológico com as várias características litológicas e estruturais presentes numa determinada área. A recolha de dados e a sua utilização para descrever a relação entre diferentes unidades rochosas, estruturas, etc., é um trabalho importante para os geólogos. O objetivo é explicar a geologia da área e o mapa é apenas uma parte do processo. É também necessário um relatório pormenorizado para explicar a história geológica e a sequência dos acontecimentos geológicos nessa área. Para todos estes fins, é necessário adotar várias técnicas de campo.

3.2 Inquérito de reconhecimento

O levantamento de reconhecimento é efectuado para obter uma ideia generalizada sobre o terreno. Geralmente, fornece uma visão geral sobre a geomorfologia, as várias rochas e características estruturais presentes na área, e também as instalações de transporte disponíveis na área. O objetivo do levantamento de reconhecimento é obter uma visão geral da área a ser estudada em pormenor. Em primeiro lugar, é necessário fazer travessias rápidas dentro da área para examinar vários afloramentos dessa área, ao conhecer os afloramentos, podemos obter vários tipos de exposições. Quando os afloramentos são escassos ou estão muito afastados, temos de escolher um caminho específico para cobrir mais afloramentos. Por vezes, opta-se por cortar a nala ou o rio para obter melhores exposições. Assim, através de um levantamento de reconhecimento cuidadoso, é possível obter um conhecimento justo e exato da natureza e da extensão de um determinado afloramento. É necessária uma grande experiência, uma formação aprofundada, um julgamento rápido, uma observação constante dos solos, da vegetação, dos afloramentos, da topografia e a capacidade de recordar as impressões obtidas durante a parte do trabalho já efectuada. São efectuados percursos rápidos na área escolhida para a cartografia. Amostras frescas são quebradas e observadas no local de exposição e é feita a identificação preliminar das rochas. As amostras são recolhidas para posterior verificação em microscópio petrológico.

3.3 Cartografia geológica

A cartografia geológica é definida como o exame de exposições naturais e artificiais de rochas ou materiais não consolidados, o registo sistemático de dados geológicos dessas exposições e a análise e interpretação desses dados em formato bi ou tridimensional. Os mapas e secções transversais gerados a partir destes dados servem os seguintes objectivos:

a) Servir de registo da localização de dados factuais;

b) Apresentar uma imagem gráfica do modelo concetual da zona de estudo com base nos dados factuais disponíveis; e

c) Servir como ferramentas para a resolução de problemas tridimensionais relacionados com o projeto, construção e/ou manutenção de estruturas de engenharia ou caraterização de locais.

Todos os tipos de cartografia são feitos determinando e traçando a localização de certos pontos ou estações escolhidos, e depois desenhando os pormenores com referência a esses pontos. Estes pontos são designados por controlos do mapa. A sua distância horizontal e direção entre si são designadas por controlo horizontal. As suas elevações são designadas por controlo vertical do mapa. O sistema de controlo para qualquer trabalho geológico deve ter um limite de erro menor que o permitido. O grau de exatidão com que a cartografia de campo pode ser feita está sujeito a grandes variações. Em geral, os métodos mais precisos pertencem à cartografia de pormenor, enquanto o método menos preciso é a cartografia de reconhecimento. Na cartografia de pormenor, o progresso é mais lento e, por conseguinte, é necessário mais tempo para cobrir uma determinada área. Aqui são necessárias observações de pormenor. O estudo pormenorizado do tipo de rocha e da estrutura geológica permite obter um mapa geológico perfeito. Assim, o mapeamento é efectuado com um erro tão pequeno quanto possível na estrutura geológica. Os estudos geológicos de pormenor requerem normalmente

i. Cartografia topográfica e geológica à escala superior a 1:100.

ii. Limpeza e escavação das exposições.

iii. Perfuração.

iv. Cartografia das obras subterrâneas.

v. As características geológicas são identificadas de forma exaustiva e quantitativa.

3.3.1 Método de travessia de greve

É um tipo de travessia efectuada ao longo do ataque da rocha. É utilizado para traçar a extensão lateral de um determinado leito e o contacto entre duas unidades litológicas (Fig.3.1).

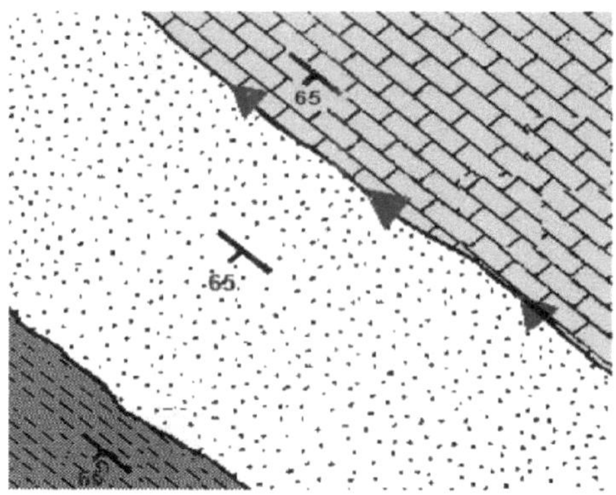

Fig. 3.1. Trajetória de ataque para cartografia geológica.

3.3.2 Método Dip Traverse

Esta travessia é feita ao longo ou em direção oposta à direção do mergulho. A transversal de descida é percorrida na direção da descida. A transversal ascendente é percorrida na direção oposta à direção do mergulho (180° em relação à direção do mergulho). Nesta travessia, podem ser encontradas diferentes litologias (Fig.3.2).

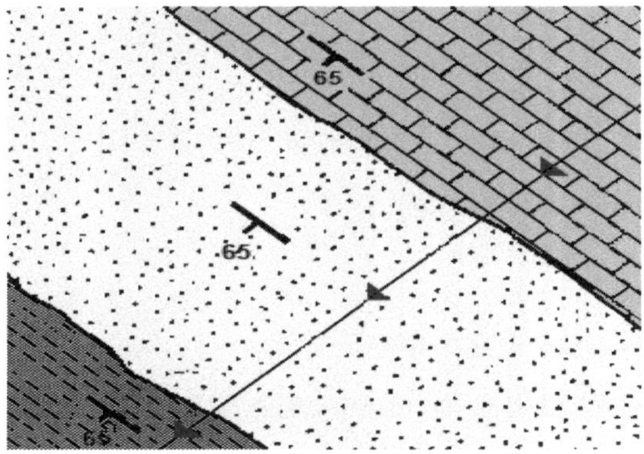

Fig. 3.2. Travessia de mergulho para cartografia geológica.

3.3.3 Método de travessia radial

É um tipo de travessia feita a partir de um ponto central em direção a todas as direcções de um relevo radialmente (Fig. 3.3). É útil para cartografar terrenos ígneos, abobadados e montanhosos, etc.

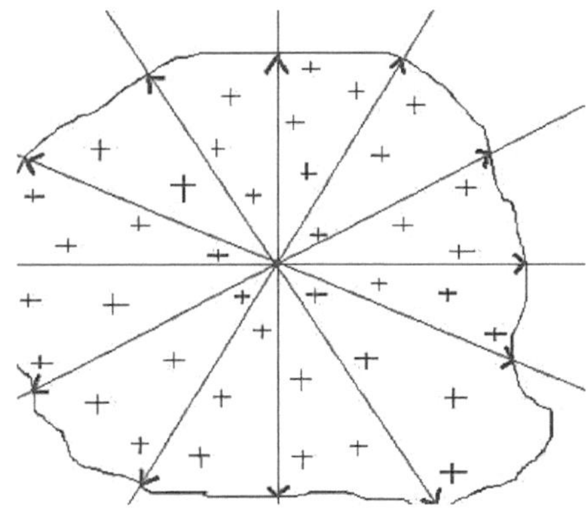

Fig. 3.3. Travessia radial para cartografia geológica.

3.3.4 Método de deslocação transversal

Este método é utilizado quando as exposições são expostas ao longo de uma caraterística linear, como um rio, uma estrada, uma nala ou um limite de floresta. Neste caso, os desvios são efectuados em relação à caraterística linear a intervalos regulares e, em seguida, os pontos são unidos (Fig.3.4).

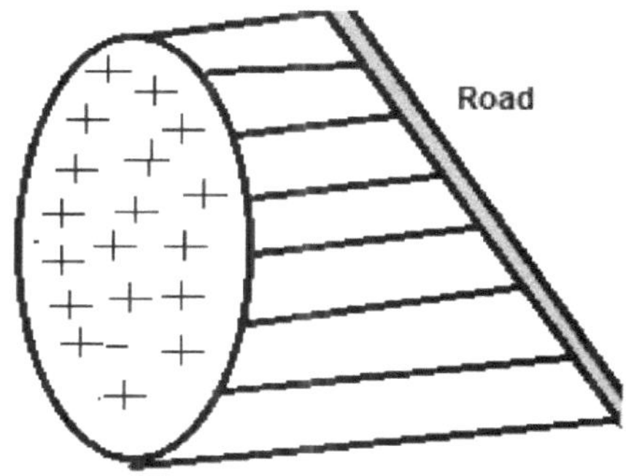

Fig. 3.4. Travessia de offset para cartografia geológica.

3.3.5 Contacto Seguir o método de travessia

Neste tipo de travessia, é traçado o contacto entre duas litologias diferentes. A transversal de contacto é a transversal de ataque no caso das rochas sedimentares (Fig. 3.5)

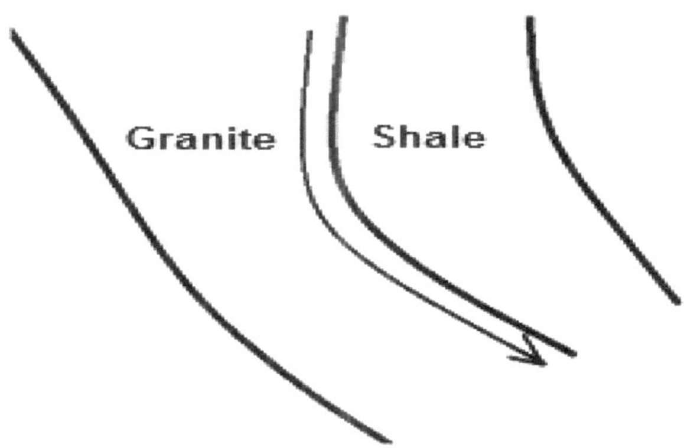

Fig. 3.5. Método de contacto transversal para cartografia geológica.

3.4 Orientação da folha topográfica/cartografia de base

A orientação da toposheet significa fazer coincidir a direção norte do mapa com o norte geográfico da Terra. A orientação da toposheet permite-nos localizar facilmente a posição e ler o traço direcional na toposheet.

O toposheet pode ser orientado adoptando os seguintes passos.

Etapa 1

O azimute da bússola é rodado, de modo a que o '0' fique alinhado com a seta de direção da viagem.

Etapa 2

Abre-se o toposheet e coloca-se sobre uma superfície mais ou menos plana.

Etapa 3

A bússola é colocada na toposheet de forma a que a linha da grelha de longitude seja paralela ao bordo longo da bússola.

Etapa 4

Rodar o toposheet até que o círculo vermelho de orientação coincida com o círculo de orientação norte da bússola Brunton. Rodar a folha de cobertura até que a agulha Norte-Sul da bússola coincida com a linha da grelha de longitude. O toposheet fica alinhado.

Ao colocar a bússola no toposheet, a bolha de nivelamento deve permanecer no centro do nivelador.

3.5 Registo do rolamento

A orientação é a direção horizontal da bússola na superfície terrestre, de um ponto a outro, com referência ao ponto cardeal da bússola. A orientação é unidirecional (Mathur, 2010). Por outras palavras, a orientação de um ponto é o ângulo horizontal entre a direção do norte geográfico, o observador e o objeto. A orientação ajuda-nos a localizar a nossa posição no mapa em relação a um elemento conhecido.

Existem dois tipos de rolamentos:

a) Ângulo horizontal medido a partir de um ponto conhecido para um ponto desconhecido, em relação ao Norte.

b) Ângulo horizontal medido a partir de um ponto desconhecido para um ponto conhecido, em relação ao Norte.

Passo-1- O objeto é fixado e o seu rumo tem de ser medido.

Passo 2 - A bússola é mantida de forma a que a direção da seta de deslocamento aponte para o objeto (cuja orientação é necessária).

Passo-3- A imagem do objeto é observada no espelho da bússola de modo a que a imagem seja colinear com a linha de índice do rumo e com a seta de direção.

Passo-4- O mostrador é rodado até que o círculo vermelho de orientação coincida com o círculo de procura do Norte .

Passo-5- Observa-se o azimute do anel graduado exterior, que dá a leitura do rumo para a frente, e observa-se o anel graduado interior, que dá o registo do rumo para trás.

Enquanto segura a bússola, a bolha de nivelamento deve permanecer no centro do nivelador. O espelho deve abrir até um ângulo de 135^0 para melhor projeção da imagem.

3.6 Métodos de localização de posições no mapa

Existem vários métodos que são utilizados para localizar a posição no mapa através do registo da orientação, dependendo da natureza do local. Os métodos mais importantes e aceites para medir a orientação são descritos resumidamente a seguir:

3.6.1 Método de rolamento único

É utilizado quando nos encontramos numa caraterística linear conhecida. Neste método, mede-se a direção a partir de uma caraterística mencionada na toposheet e esta caraterística pode ser vista em terra. O ponto de intersecção da linha de rumo e do traço linear dá a posição do observador no mapa (Fig.3.6).

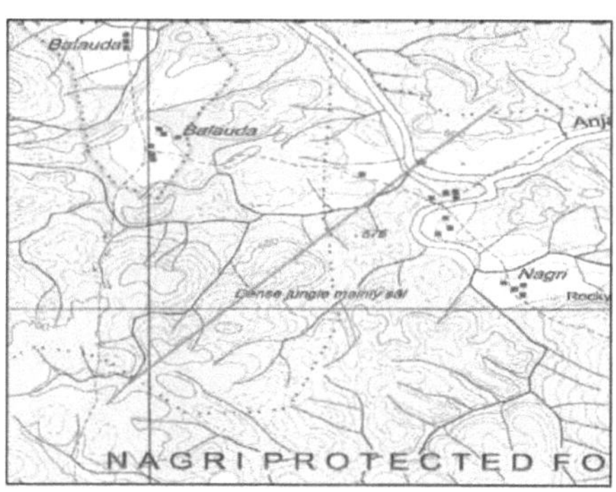

Fig. 3.6. Método de rolamento único.

3.6.2 Método de rolamento duplo

Este método deve ser utilizado quando a referência está disponível no mapa e é igualmente visível em terra.

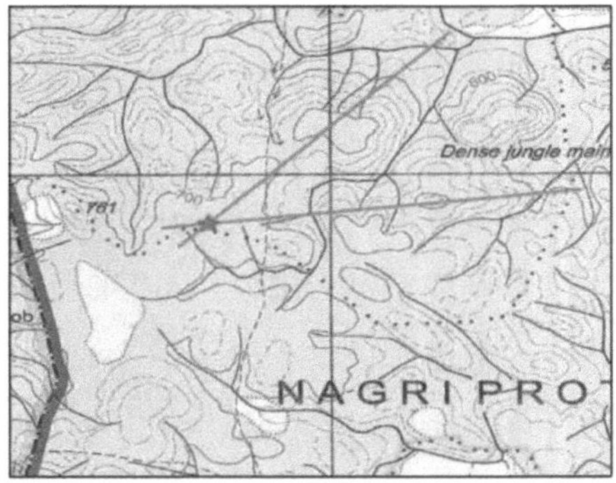

Fig. 3.7. Método do rolamento duplo.

Anota-se a posição dorsal de ambos os elementos e traçam-se as linhas dorsais. A intersecção destas linhas indica a localização no mapa (Fig. 3.7).

3.6.3 Método do rolamento triplo

Deve ser utilizado quando estão disponíveis e visíveis três pontos de referência conhecidos. A partir desses três pontos, anotam-se os rumos para trás e traçam-se linhas de rumo para trás. A intersecção das linhas de rumo de retorno forma um triângulo. O centro deste triângulo dá a posição (Fig. 3.8).

Este método é descrito em pormenor da seguinte forma. O primeiro passo na triangulação é escolher três características topográficas que se possam ver e identificar no mapa (as montanhas são ideais). Comece com a primeira caraterística escolhida e determine a direção, como descrito acima. Uma vez determinada a direção, desenhe a lápis uma linha com a mesma direção no mapa que atravessa a caraterística escolhida. Repita este procedimento para os outros dois elementos, desenhando linhas para cada um deles. O ponto onde as três linhas se intersectam no mapa é a localização. É necessário verificar novamente o mapa e conciliá-lo com o que se vê.

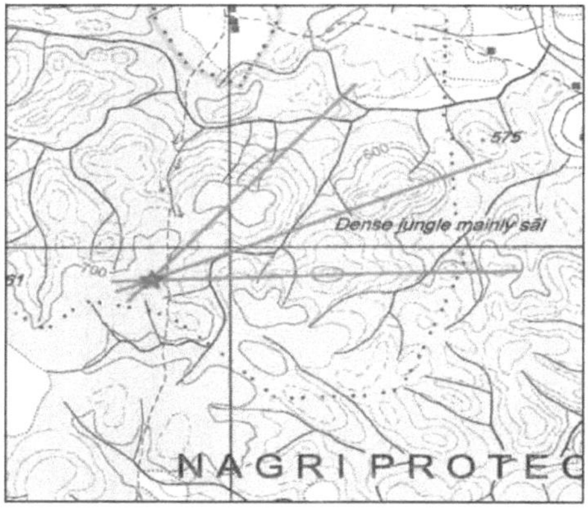

Fig. 3.8. Método do rolamento triplo.

3.6.4 Método de produção de árvores

I deve ser utilizado em florestas densas onde não é possível observar qualquer tipo de elemento. Neste método, sobe-se à árvore, marca-se um elemento e mede-se a direção.

3.6.5 Método de suporte de som

Deve ser utilizado em florestas densas, onde se mede a direção a partir da qual o som se aproxima para localizar a posição do parceiro. Um dos parceiros emite um som com um apito e o outro parceiro mede a direção a partir da qual o som se aproxima.

3.7 Ritmo

Nos estudos geológicos, nem sempre é possível medir qualquer distância necessária com a ajuda de uma fita ou de uma corrente. Por isso, no mapeamento em grande escala, o método de mapeamento é muito importante. O "pacing" é um método comum para medir distâncias no terreno. Para este método, é necessário efetuar a "contagem do ritmo" para converter a distância em metros a partir do ritmo. A "contagem de passos" varia de pessoa para pessoa, bem como consoante a natureza da topografia. É aconselhável determinar a "contagem de passos" de uma pessoa medindo o número de passos numa distância padrão.

Capítulo 4

Estudo dos afloramentos

4.1 Introdução

A área total em que as unidades rochosas se encontram à superfície e expostas à atmosfera é designada por afloramento. Os afloramentos podem ser formados naturalmente ou por ação humana, como a erosão de cursos de água e a construção de estradas, respetivamente. As rochas dos afloramentos também estão expostas ao processo de meteorização e erosão. O padrão de afloramento dos estratos é determinado por dois factores, nomeadamente, a inclinação e a inclinação dos estratos e a topografia da área.

Existem vários tipos de afloramentos encontrados no terreno, nomeadamente

a) Afloramento plano - Afloramento exposto à superfície numa superfície plana.

b) Corte de estrada - afloramento exposto no corte de estrada.

c) Afloramento em nala/corte de rio - Afloramento exposto em nala ou corte de rio.

d) Afloramento no topo da colina/encosta - Afloramento exposto no topo da colina/encosta.

e) Afloramento em corte de caminho de ferro - Afloramento exposto em corte de caminho de ferro.

f) Afloramento de registo de poços - Afloramento exposto em poços.

g) Leito do rio - afloramento exposto no leito do rio.

A exposição é também importante na construção da secção de perfil e na interpretação da história geológica. A realização de um levantamento de reconhecimento é importante para descobrir boas exposições num local desconhecido no terreno. O plano de assentamento do afloramento pode ser paralelo às curvas de nível. Esta condição é observada em leitos horizontais. O afloramento pode ser sinuoso e intersectar as curvas de nível em vários planos. Neste caso, os leitos podem ter um certo mergulho. O afloramento pode ser retilíneo, ou seja, leitos verticais.

4.2 Identificação de rochas

Após a identificação do afloramento, procede-se à identificação dos tipos de rocha do afloramento. Existem, principalmente, três tipos de rochas:

a) Rocha ígnea

b) Rochas sedimentares

c) Rochas metamórficas

No terreno, as rochas ígneas são identificadas com base nos seguintes critérios:

* Intercalação de grãos minerais
* Ausência de roupa de cama
* Compacidade e dureza
* Cristalinidade (i.e., holocristalino, holo-hialino, etc.)
* Granularidade (ou seja, fanérico/afanítico)
* Textura (ou seja, equigranular/inequigranular)

As rochas sedimentares são identificadas no terreno com base em:

* Ausência de relação entre os grãos
* Presença de matriz e/ou material de cimentação
* Presença de roupa de cama
* Natureza da rocha (ou seja, clástica/não-clástica)
* Conteúdo fóssil
* Características texturais como a ordenação, a redondeza, a compacidade, etc.
* Estruturas

E as rochas metamórficas são identificadas com base nos seguintes critérios.

* Alinhamento do mineral e entrelaçamento dos grãos

* Grau (ou seja, alto/baixo)

4.3 Identificação de minerais

Um mineral é um sólido homogéneo de ocorrência natural, formado inorganicamente, com uma composição química definida e um arranjo atómico ordenado (Mason, et al, 1968). O estudo dos minerais é designado por mineralogia. Em março de 2017, existiam mais de 5300 espécies minerais conhecidas, das quais mais de 5 230 tinham sido aprovadas pela Associação Mineralógica Internacional (IMA). Os minerais de silicato compõem mais de 90% da crosta terrestre. O silício e o oxigénio constituem aproximadamente 75% da crosta terrestre, o que se traduz diretamente na predominância de minerais de silicatos. Os minerais distinguem-se por várias propriedades químicas e físicas. As diferenças na composição química e na estrutura cristalina distinguem as várias espécies, que foram determinadas pelo ambiente geológico do mineral aquando da sua formação. As alterações na temperatura, pressão ou composição da massa rochosa provocam alterações nos seus minerais.

Os diferentes minerais são identificados durante os trabalhos de campo com base nas suas propriedades físicas, como a cor, a estria, o brilho, a clivagem, a fratura, a dureza, a gravidade específica, a forma, o sabor e o magnetismo, etc.

4.4 Natureza dos contactos geológicos

O contacto é referido como pontos de junção de duas litologias diferentes. Existem vários tipos de contacto que são discutidos a seguir.

a) Contacto de graduação

b) Contacto intrusivo

c) Contacto de cisalhamento

d) Contacto agudo

4.4.1 Contacto de graduação

O contacto gradual é o fenómeno em que se verifica uma alteração gradual e progressiva da composição e da textura das rochas ao longo do plano de estratificação.

As alterações graduais que estão envolvidas são alterações na dimensão dos grãos e/ou na composição mineral.

Observa-se um contacto gradual entre gritstone e arenito em Maharaji, Balodabazar, distrito do estado de Chhattisgarh, Índia (Fig. 4.1).

Fig. 4.1. Contacto gradual entre gritstone e arenito.

4.4.2 Contacto intrusivo

O contacto que se encontra quando um corpo magmático intrusivo se projecta nas rochas adjacentes. A intrusão pode ser concordante (soleira) ou discordante (dique). A intrusão pode apresentar margens arrefecidas, e/ou as rochas do campo podem ter um aspeto cozido.

Observa-se o contacto entre um corpo ígneo intrusivo e uma rocha do campo (rocha ígnea), que é um contacto intrusivo entre dolerite, rocha ígnea hipabissal e granito, rocha plutónica em Pithora, Mahasamund, distrito no estado de Chhattisgarh, Índia (Fig.4.2).

Fig.4.2. Contacto intrusivo entre granito e dolerito.

4.4.3 Contacto cortado

Estes contactos são proeminentes em áreas tectonicamente intermitentes. A zona de contacto mostra um elevado grau de deformação que também envolve cisalhamento em alguns casos.

O contacto cisalhado que se desenvolveu devido ao efeito de cisalhamento é observado entre a rocha gnaisse granítica e a rocha aplítica na aldeia de Baya, Balodabazar, distrito do Estado de Chhattisgarh, Índia (Fig. 4.3).

Fig. 4.3. Contacto cisalhado entre o granito e o aplito.

4.4.4 Contacto agudo

O contacto brusco é marcado por uma mudança abrupta na composição e na textura das rochas ao longo do plano de estratificação.

Fig. 4.4a. Contacto acentuado entre o Metabasaltic e o Granito.

Fig. 4.4b. Contacto acentuado entre o pegmatito e o granito.

Observa-se um contacto acentuado entre rochas metabasálticas e graníticas na aldeia de Deopur, Balodabazar, distrito do Estado de Chhattisgarh, Índia (Fig. 4.4a). Outro contacto acentuado é encontrado entre a rocha granítica e a rocha pegmatítica em Korba, Estado de Chhattisgarh, na Índia (Fig. 4.4b).

4.5 Fotografia

As fotografias são registadas com uma escala adequada durante a recolha de dados para estruturas e várias outras características geológicas no terreno.

a) A primeira fotografia de uma localidade deve ser uma vista geral.

b) Tire fotografias gerais e de pormenor de diferentes elementos.

c) As fotografias digitais podem ser processadas posteriormente para obter uma boa imagem, enquanto as fotografias sobre-expostas não registam toda a informação.

d) É aconselhável que, ao utilizar a fotografia para a análise da imagem, se assegure que esta não apresenta qualquer distorção dos bordos, por exemplo, a produzida pela utilização de uma grande angular ou por fotografias tiradas com a objetiva regulada para uma distância focal de 50 mm ou superior

e) É aconselhável ter em conta o equilíbrio de brancos em diferentes condições de iluminação.

f) Em condições de fraca luminosidade, é útil utilizar um tripé. Se não tiver um tripé, pode colocar a câmara numa rocha e utilizar o temporizador ou um disparador remoto.

g) Se estiver a trabalhar em locais onde as condições meteorológicas são adversas, deve preferir comprar uma caixa estanque para a câmara, do tipo utilizado pelos mergulhadores para fotografias subaquáticas.

h) Ao tirar um certo número de fotografias, por exemplo, de pormenores de escala fina, é preferível ordenar as fotografias por ordem estratigráfica, para evitar confusões. Considere a possibilidade de marcar as rochas de alguma forma, por exemplo, com uma caneta marcadora, líquido corretor ou um marcador de azulejos, para que as diferentes fotografias se relacionem entre si.

i) Na maioria dos casos, é melhor ficar perpendicular ao objeto a fotografar.

j) Deve-se usar as páginas brancas de um caderno para refletir a luz nas partes sombreadas das exposições, especialmente sob saliências.

k) Inclua uma escala ou tome nota do tamanho da área que está a ser fotografada. Dependendo do objeto da fotografia, pode ser qualquer coisa, desde outra pessoa a uma régua, tampa da lente da câmara, moeda ou canivete. Para fotografias de pequena escala, um dedo também é útil e uma das vantagens é que não o deixará inadvertidamente para trás! Idealmente, para objectos médios e pequenos, utilize uma escala métrica em vez de um objeto como uma tampa de lente ou uma moeda, uma vez que estes têm dimensões variáveis. Além disso, a escala deve ser de preferência de uma cor neutra (cinzenta) para não afetar indevidamente a exposição fotográfica. Em alternativa, a escala deve ser desenhada na capa do caderno com um marcador a negrito.

l) Quando se tira uma fotografia de uma área, deve fazer-se um esboço da página do caderno de campo num canto de uma das fotografias, como forma de cruzar as referências entre as fotografias e o caderno de campo (assumindo que o campo de visão é adequado).

m) Tome nota das condições de iluminação. A melhor vista em condições de sol é muitas vezes com o sol atrás de si, o que pode significar voltar a uma localidade a uma hora diferente do dia para obter a melhor iluminação. As condições de nebulosidade proporcionam uma luz mais uniforme, mas as condições de sol podem mostrar melhor algumas características geológicas.

n) Se as condições de iluminação forem fracas ou variáveis, tire várias fotografias com diferentes definições.

o) Quando utilizar uma máquina fotográfica digital, verifique, através do ecrã da máquina, a exposição e, na medida do possível, se a focagem está correcta antes de sair do local, para que possa tirar outra fotografia, se necessário. Não se esqueça de incluir uma escala em todas as fotografias e de se certificar de que é adequada. Uma escala mal escolhida ou que não esteja contra a face da rocha pode produzir resultados confusos (Angela et al., 2010).

4.6 Dados estruturais

Durante os trabalhos de campo, é necessário medir os dados estruturais (ou seja, a inclinação e o ataque) de quaisquer características planas e lineares (Fig. 4.1), que são muito importantes para inferir sobre a história geológica e a estrutura.

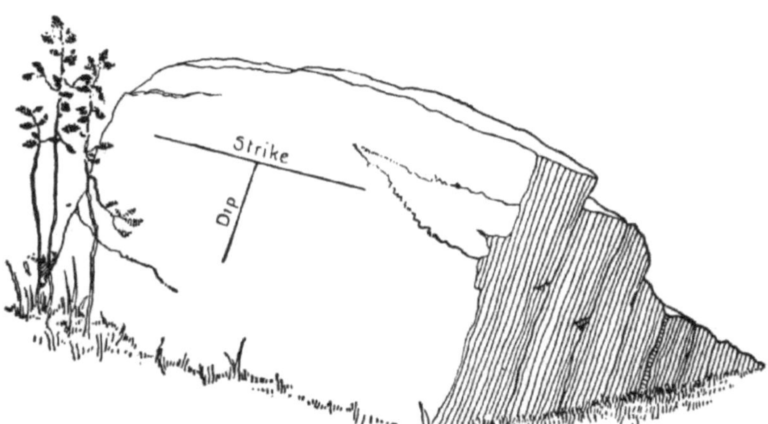

Fig. 4.1. Demonstração de Dip and Strike. (http://etc.usf.edu).

a) **Inclinação:** É o ângulo de inclinação da cama. Define-se como o grau de inclinação de uma cama em relação a um plano horizontal; medido num plano vertical.

b) **Mergulho verdadeiro:** É a inclinação máxima de um leito rochoso. É medido na direção perpendicular ao strike.

c) **Mergulho aparente:** Um mergulho medido em qualquer outra direção que não o mergulho verdadeiro. Um mergulho aparente terá sempre um valor inferior ao mergulho verdadeiro.

d) **Golpe:** Pode ser definido como a direção de uma linha formada pela intersecção de um plano de assentamento e um plano horizontal. O strike é sempre perpendicular à direção do mergulho verdadeiro.

Os principais aspectos da recolha de dados do campo são a natureza da superfície, o tipo e a origem dos sedimentos basais, a relação de idade, a relação de forma com a dobra, a relação com as rochas, o deslocamento, a direção das falhas, etc.

4.7 Amostragem

Propriedades como a textura, composição e características associadas de diferentes rochas nem sempre são possíveis de estudar no terreno. Por isso, estas rochas são estudadas em laboratório. Para o efeito, é necessário proceder à recolha de amostras.

Uma amostra de cerca de 3cm*2cm*1cm é normalmente suficiente para produzir uma ou mais secções finas, desde que a rocha não tenha um grão demasiado grosseiro.

Se a rocha for de grão grosseiro, deve ser colhida uma amostra de tamanho adequado ao tamanho do grão.

Capítulo 5

Elaboração do mapa geológico e da secção transversal

5.1 Introdução

A construção de mapas geológicos (ou a adição de conteúdo a mapas geológicos existentes) é a atividade de campo mais importante que um investigador tem de realizar. Os mapas geológicos são elaborados utilizando um mapa de base (mapa topográfico SOI numa escala de 1:50.000) e/ou um subconjunto de imagens de satélite de alta resolução espacial para registar o tipo de rocha observado. Os mapas topográficos dão um contributo valioso para a cartografia geológica porque a informação sobre a elevação é importante para interpretar as relações físicas entre as formações rochosas. Os contactos entre as rochas, as suas tendências, o seu ataque e mergulho, os atributos estruturais e outros atributos em diferentes localidades têm de ser representados nas suas relações espaciais correctas em mapas topográficos ou imagens. É necessário fazer uma avaliação informada de todos estes atributos em áreas intermédias que não tenham sido diretamente observadas, e os contactos devem ser estabelecidos com base na observação e na avaliação.

5.2 Preparação do mapa de base

É também conhecido como mapa de trabalho. Este mapa foi previamente preparado e sobre o qual o geólogo pode traçar os seus dados no terreno. Basicamente, o mapa de base é preparado a partir da toposheet. A toposheet foi preparada e publicada pelo Survey of India (SOI). Ao colocar uma folha de traçado sobre a toposheet, é essencial traçar todas as principais características de referência da área, como estradas, auto-estradas nacionais, caminhos-de-ferro, limites florestais, aldeias, etc. Este é o primeiro aspeto importante na preparação do mapa de base.

5.3 Plotagem de dados no mapa de base

Os dados geológicos e estruturais que foram recolhidos no terreno durante o trabalho geológico de campo são traçados no mapa de base. O exame cuidadoso dos dados geológicos e estruturais, juntamente com a sua interpretação, leva à preparação do mapa geológico da área.

5.4 Elaboração da carta geológica

Todos os dados de campo, como o contacto de formação, a localização, a litologia (tipo de rocha/composição mineral da rocha), etc., têm de ser compilados e traçados no mapa geológico com base em levantamentos detalhados e reconhecimento.

Estas podem ser efectuadas nas seguintes etapas/sequências:

5.4.1 Controlo final no terreno

Um controlo final no terreno é muito importante para a preparação do mapa geológico. Um erro ou uma diferença mínima no mapa de base pode fazer uma diferença maior ou menor.

5.4.2 Coloração e indexação do mapa

As formações e os diferentes lithounits devem ser coloridos de forma a poderem ser facilmente identificados. Depois de dar cor aos diferentes lithounits, a legenda ou índice é então preparada organizando as formações numa sequência estratigráfica adequada. É necessário utilizar um símbolo litológico e estrutural padrão para as diferentes litologias e estruturas geológicas. A litologia e a estrutura geológica importantes são apresentadas no Apêndice I e no Apêndice II.

Não existe uma regra rígida e rápida sobre a utilização de cores para mostrar a litologia da área. Uma regra simples deve ser observada: a cor utilizada para mostrar uma determinada rocha deve ser próxima da cor da rocha original (Pandey,1984). Sugere-se o seguinte esquema de cores:

Verde: Para intrusivas e extrusivas de rochas básicas, xistos, xistosidades, etc.

Cor-de-rosa: Para intrusivas e extrusivas de rochas ácidas, arenitos, quartzitos, gnaisses, complexos, etc.

Vermelho: Para litologias ou faixas estreitas e pequenas e características geológicas de interesse especial.

Laranja: Para aluviões quaternários, depósitos superficiais estabilizados por aluviões mais antigos e formação geológica terciária.

Amarelo: Para aluviões recentes e outros depósitos superficiais de origem recente, tais como, leques de aluviões, depósitos de piemonte, capeamentos, desabamentos, deslizamentos de terras e outros movimentos de terras e rochas, depósitos costeiros, dunas de areia, etc.

Azul: Para elementos hidrológicos, por exemplo, drenagem, lagos, mar, poços, calcário, mármore, evaporitos, etc.

Castanho: Para rochas intermédias intrusivas e extrusivas. Pode ser utilizado em combinação com qualquer outra cor para mostrar o contraste litológico.

Preto: Normalmente para elementos proeminentes de pequena dimensão com interesse especial, como jazidas de carvão, veios mineralizados, localização de rochas mineralizadas. Elementos culturais, sítios militares ou de engenharia.

No caso de um grande conjunto de rochas, podem ser utilizadas com segurança diferentes tonalidades das mesmas cores.

5.5 Preparação da secção transversal geológica

O principal objetivo da preparação é analisar a secção transversal geológica e identificar as características geológicas e a litologia presentes nessa área. Aqui, menciona a escala do mapa fornecido. De seguida, traça-se a linha (por exemplo XY) que deve cortar o número máximo de curvas de nível presentes no mapa. Em seguida, marca-se os pontos que são produzidos pela intersecção da linha XY e da curva de nível, altera-se e transfere-se os pontos e une-se com uma mão livre num papel comum. Assim, é elaborado um perfil. Para desenhar as camas, a linha de ataque deve ser desenhada unindo o ponto de intersecção dos contornos com as linhas sólidas, tendo em mente que a linha de ataque deve passar por pelo menos dois pontos de intersecção para a mesma cama. Em seguida, marcar estes pontos e transferi-los para o perfil. Desenhe os leitos no perfil utilizando a quantidade e a direção do mergulho. Em seguida, nomear os leitos e utilizar lápis de cor para colorir os leitos e outras estruturas.

Assim, a secção transversal é preparada. Finalmente, é necessário ordenar as formações rochosas com base numa escala geológica padrão preparada, que é utilizada universalmente para a correlação das formações rochosas.

5.6 Escala de tempo geológico

A escala do tempo geológico (EGT) é um sistema de datação cronológica que relaciona os estratos geológicos (estratigrafia) com o tempo e é utilizada por geólogos, paleontólogos e outros geocientistas para descrever o momento e as relações dos eventos que ocorreram durante a história da Terra (Quadro 5.1).

Os acontecimentos importantes que ocorreram ao longo do tempo geológico são organizados numa sequência e designados por escala de tempo geológica. Contém várias informações, tais como diferentes períodos de tempo, acontecimentos importantes, aparecimento e desaparecimento de espécies, tectónica de placas e actividades de construção de montanhas, etc., que operam continuamente desde a origem da Terra, num intervalo de tempo de milhões ou dezenas de milhões de anos, até aos dias de hoje.

É representada pela sequência de estratos rochosos presentes na terra e pelo tempo decorrido durante os eventos de deposição (inconformidades).

Tabela 5.1: Escala de tempo geológico.

Eon	Era	Período	Época	Começou há milhões de anos
Fanerozoico	Cenozoico	Quaternário	Recentes	
			Pleistoceno	2.5
		Terciário	Plioceno	7
			Miocénico	26
			Oligoceno	38
			Eocénico	54
			Paleoceno	65
	Mesozoico	Cretáceo		136
		Jurássico		190

		Triássico		225
	Paleozoico	Permiano		280
		Carbonífero:		325
		Carbonífero:		345
		Devoniano		395
		Siluriano		430
		Ordovícico		500
		Cambriano		570
Pré-cambriano	Proterozoico			
	Arqueozoico			4600

Uma escala de tempo geológico padrão é utilizada universalmente para a correlação da formação de rochas.

As principais divisões do tempo geológico são designadas por "Éons", que são posteriormente classificados em "Eras". Na escala do tempo geológico existem quatro eras: (1) Pré-cambriana, (ii) Paleozóica, (iii) Mesozóica e (iv) Cenozóica. Cada era foi subdividida em unidades de tempo mais pequenas denominadas Períodos. A quebra estratigráfica, que subdivide as eras, é relativamente de menor importância. Por exemplo, na era Paleozóica existem seis períodos: (i) Cambriano (ii) Ordoviciano (iii) Siluriano (iv) Devónico (v) Carbonífero e (vi) Permiano. Uma sucessão de rochas depositadas durante um período constitui um sistema. Os períodos são ainda subdivididos em partes mais pequenas denominadas épocas. As unidades rochosas correspondentes às épocas são designadas por séries. A fase é uma subdivisão da série e é caracterizada por um conjunto típico de fósseis. A unidade básica de uma fase é designada por zona. É reconhecida principalmente com base na forma fóssil mais caraterística.

A era pré-cambriana dividiu-se em dois grupos com base na paleontologia: (I) Arqueozoico e (ii) Proterozoico. As formações rochosas pertencentes aos grupos Arqueozóicos são geralmente pouco fossilíferas, enquanto as pertencentes ao "grupo Proterozoico" apresentam vestígios da vida mais primitiva. As rochas das eras Paleozóica, Mesozóica e Cenozóica contêm abundantes vestígios de vida passada.

5.6.1 Classificação litoestratigráfica

Cada região tem a sua própria história geológica, por vezes os limites destas sucessões geológicas não coincidem com os limites da escala de tempo.

Outro problema surge quando a demarcação da divisão mais pequena é difícil, apesar de as divisões estratigráficas estarem corretamente identificadas.

A presença de estratos não-fossilíferos também dificulta a identificação das divisões correspondentes às da escala temporal padrão (Tabela 5.2).

Tabela 5.2: Vida e unidades estratigráficas da Índia durante o tempo geológico.

Eras	Períodos	Unidades estratigráficas da Índia	Vida
Quaternário	Recentes	Aluviões recentes	O homem, as plantas e os animais modernos
	Pleistoceno	Karewas de Caxemira, aluvião mais antigo.	Muitos mamíferos morrem
Terciário	Mio-plioceno	Grupo Siwalik	Mamíferos, aves, moluscos e plantas com flores
	Oligoceno	Grupo Murre	
	Eocénico	Ranikot, formações Laki.	
Mesozoico	Cretáceo	Cretáceo de Trichinopoly, armadilhas do Decão.	Dinossauros, planta com flor
	Jurássico		Amonites, Dinossauros
	Triássico		Amonites, Répteis, Anfíbios
Paleozoico	Permiano	Supergrupo Gondwana	Répteis, plantas não floridas
	Carbonífero	Xistos de Spiti, Grupo Lilang, Calcário Kioto Grupo Kuling	Anfíbios, plantas não floridas
	Devoniano	Ausente na Índia peninsular e presente na região dos Himalaias	Corais, braquiópodes, plantas terrestres primitivas
	Siluriano		Peixes de água doce, Graptolites
	Ordovícico		Trilobites, Graptolites
	Cambriano		Trilobites
Pré-cambriano	Proterozoico	Supergrupos Cuddapah e Vindhyan.	Animais e plantas de corpo mole

	Arqueozoico	Grupos Arqueano, Dharwar e Aravalli.	Sem vida

Como resultado, foi desenvolvida uma classificação padrão denominada "Classificação litoestratigráfica", que é dividida com base em critérios litológicos.

As grandes divisões da formação rochosa são designadas por Grupos. Cada grupo é composto por uma sucessão espessa de rochas que cobre uma grande área. São separados uns dos outros por algumas inconformidades maiores entre eles. Um Supergrupo é formado quando dois ou mais grupos se juntam. A formação é o litounito básico em estratigrafia. É utilizado para designar as rochas que apresentam características litológicas distintas e que são suficientemente grandes para serem cartografadas.

Um leito é a unidade litológica mais pequena. É definida como uma única unidade de rocha sedimentar que possui características mineralógicas ou fósseis únicas que ajudam a distingui-la dos leitos acima e abaixo (Quadro 5.2).

Capítulo 6

Elaboração do relatório geológico de campo

6.1 Introdução

Após a recolha de todas as informações do campo e a sua marcação no mapa, a análise da secção fina das amostras é executada no laboratório. Isto dá-nos uma ideia sobre a fotografia da rocha da área mapeada. Tudo isto é descrito e a interpretação é efectuada no relatório de campo. Finalmente, é necessário elaborar um relatório de campo baseado em todas as observações e descobertas, que resume todas as actividades realizadas no terreno. Inclui também toda a informação geológica recolhida nos vários sítios e locais durante os trabalhos geológicos de campo. O relatório fornece todas as informações sobre a área trabalhada.

6.2 Conteúdo do relatório geológico de campo

O conteúdo do relatório geológico de campo pode ser planeado de acordo com o objetivo do estudo; o conteúdo provisório é apresentado na Tabela 6.1.

Tabela 6.1. Índice.

Capítulo **1Introdução**

1.1 **Introdução**

1.2 Localização da zona

1.3 Objectivos da Geologia de Campo

1.4 Acessibilidade da zona

1.5 Fisiografia

1.5.1Topografia

1.5.2Condições climáticas

1.5.3Flora e Fauna

1.5.4Sistema de drenagem

1.6 Literatura anterior

C capítulo 2Ferramentas e técnicas

2.1 Equipamentos de campo

2.2 Técnicas de campo

2.2.8Elaboração da carta geológica

2.2.8.1 Preparação do mapa de base

2.2.8.2 Plotagem de dados no mapa de base

2.2.9Verificação final no terreno para finalizar o mapa geológico

2.2.10 Coloração e indexação do mapa

2.2.11 Preparação da secção transversal da área de estudo

C capítulo 3 Geologia da área de estudo

3.1 Geologia regional e local da área de estudo

3.4 Estruturas

3.5 Mineralização

3.6 Evolução Tectónica da Área

C capítulo 4 Geologia da área mapeada

4.1 Geologia da área cartografada

4.2 Petrologia da Área Mapeada

4.3 Estrutura

4.4 Metodologia utilizada para a cartografia geológica

Referências Bibliográficas

Apêndice

i. Lista de travessias

ii. Lista de amostragem

iii. Lista de fotografias

iii. Lista de travessias

Bibliografia

1. Bangar, K.M. (1994). Principals of Engineering Geology. Standard Publisher Distributers New Delhi.

2. Barnes John W. , Lisle. Richard J. (1980). Basic Geological Mapping (Geological Field Guide), Wiley.

3. Bevier, Mary Lou (2005). Introdução à Geologia de Campo, McGraw-Hill Ryerson.

4. Boggs, J. Sam (2005). Principles of Sedimentology and Stratigraphy, Pearson.

5. Chernicoff, Stanley (2002). Geology Third Edition with the Field Guide to Rocks and Minerals and Technology package, Houghton Mifflin.

6. Clarke, S. M. , Stimpson I. , Leslie Graham (2017). Mapeamento Geológico Avançado: Um Guia de Campo, Wiley-Blackwell.

7. Coe, L. Angela , Tom W. Argles, David A. Rothery, Robert A. Spicer (2010). Geological Field Techniques, Wiley-Blackwell.

8. Compton, Robert R. (1962). Manual of Field Geology, John Wiley & Sons.

9. Compton, Robert R. (1985). Geology in the Field, Wiley.

10. Farrell, H. John (2015). Geologia prática de campo, Andesite Press.

11. Farrell, J. H. (2017), Practical Field Geology (Classic Reprint) Forgotten Books.

12. Fry, Norman (1991). The Field Description of Metamorphic Rocks, Wiley.

13. Jerram, Dougal , Petford, Nick (2011). A Descrição de Campo de Rochas Ígneas (Guia de Campo Geológico) Wiley

14. Lahee, F.H (2002). Field Geology, CBS Publishers & Distributors Pvt. Limited, Nova Deli.

15. Mahapatra, G.B. (1987) Textbook of Geology, CBS Publishers & Distributors Pvt. Limited, New Delhi.

16. Maley (1994). Field Geology Illustrated, Gem Guides Book Company.

17. Mathur, S.M. (2010). Guide to Field Geology, PHI, Learning Pvt. Limited, New Delhi.

18. Pandey, Shiv N. (1987). Principles and Applications of Photogeology, John Wiley & Sons.

19. Pellant, Chris e Pellant, Helen (2017). Estruturas Geológicas: An Introductory Field Guide, Bloomsbury Natural History.

20. Penning, H. William (2008). Field Geology, Wolfenden Press.

21. Ramakrishnan M e Vaidyanadhan R. (2010). Geology of India. Vol. 1 & 2, Sociedade Geológica da Índia.

22. Ramsay, G. John , Lisle, Richard J. (2000). As Técnicas da Geologia Estrutural Moderna: Applications of Continuum Mechanics in Structural Geology, Academic Press

23. Rutley, F. (1970). Elementos de Mineralogia de Rutley, Springer.

24. Scott, Peter (2016). Ciência da Exploração: Field Geology and Mapping (Adventures in Earth Science Book, 1), Felix Publishing.

25. Tom, Freeman (1999). Procedimentos em Geologia de Campo, Blackwell Science.

26. Tucker, M. E. (2003). Sedimentary Rocks in the Field, Wiley & Sons.

27. Tucker, M. E. (2013). Sedimentary Petrology: An Introduction to the Origin of Sedimentary Rocks, Wiley-Blackwell.

28. Winter, John D. (2009). Principles of Igneous and Metamorphic Petrology, Prentice Hall.

Ligações Web para recursos de trabalho de campo geológico

* http://geology.com/articles/geology-in-the-field/

* http ://geology.com/field-camp. shtml

* http://geology.isu.edu/wapi/geostac/Field_Exercise/topomaps/self_finding.ht m

* http : //kgs. uky.edu/kgsweb/download/geology/LITHOCHART. Pdf

* http://malekhureport.blogspot.in/p/objectives-and-methodology.html

* http : //people.whitman.edu/~carsonrj/field.html

* http://www.encyclopedia.com/science/encyclopedias-almanacs-transcripts-and-maps/field-methods-geology

* http://www.encyclopedia.com/science/encyclopedias-almanacs-transcripts-and-maps/field-methods-geology

* http://www.geol-amu.org/notes/fieldwork.htm

* http://www.usouthal.edu/geology/haywick/GY111/111-36.pdf

* https://en.wikipedia.org/wiki/Geologic_time_scale

* https : //en.wikipedia. org/wiki/Mineral

* https://heisapalaeontologist.wordpress.com/2014/06/04/lets-go-away-for-a-while-part-1-the-importance-of-fieldwork/

* https://www.tcd.ie/Geology/undergraduate/fieldwork.php

Apêndice -1

Símbolo litológico

Rocha sedimentar

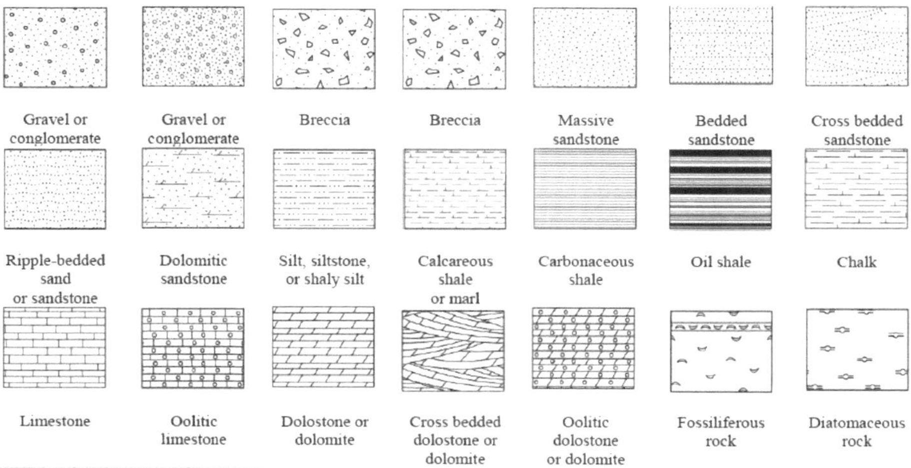

Rocha Metamórfica

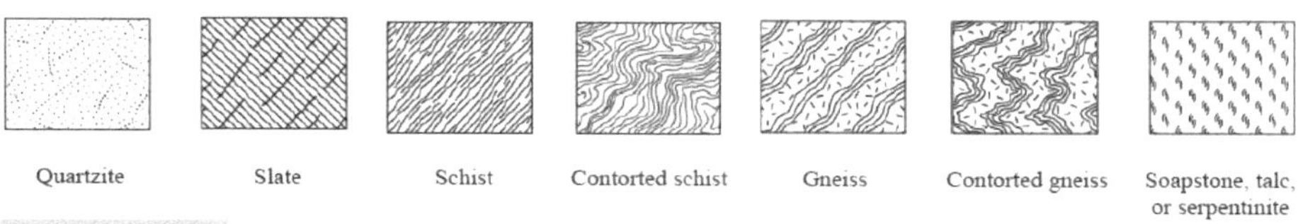

Rocha ígnea

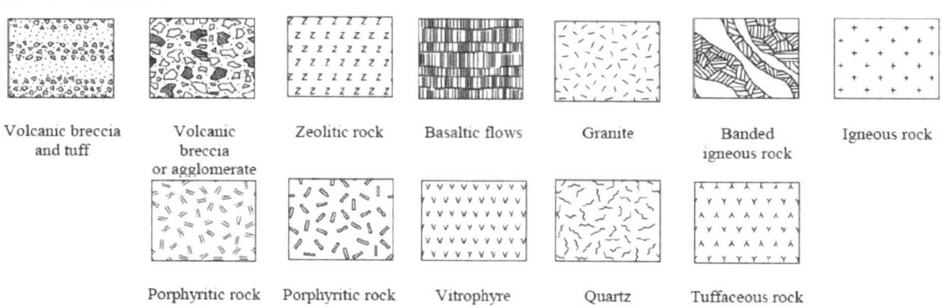

Apêndice - II

Símbolo estrutural

S. No.	Symbols	Description
1.		Strike and dip of beds
2.		Contact - Certain
3.		Contact - Inferred
4.		Contact - Concealed
5.		Gradational contact - Certain
6.		Fault - Certain
7.		Fault - Inferred
8.		Lineament
9.		Anticline - Certain
10.		Anticline - Inferred
11.		Anticline - Concealed
12.		Syncline - Certain

13. 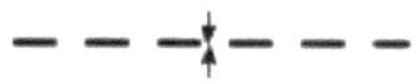 Syncline - Inferred

14.  Monocline - Certain

15. 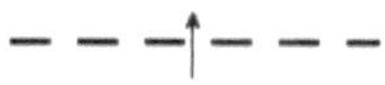 Monocline - Approximately located

16.  Minor Dome

17.  Minor Basin

18.  Horizontal bedding

19.  Inclined bedding--Showing strike and direction of dip

20.  Inclined bedding--Showing approximate strike and direction of dip

21.  Overturned bedding--Showing strike and dip. Top direction of beds known from local features

22.  Bedding overturned more than 180 degrees--Showing strike and dip

23.  Vertical bedding--Showing strike

24. 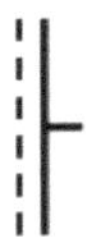 Overturned graded bedding

25.  Massive igneous rock

26.  Horizontal foliation in igneous rock

27.  Horizontal cumulate foliation in layered igneous rock

28.  Horizontal joint

29.  Inclined joint, showing strike and dip

30.		Vertical or near-vertical joint, showing strike
31.		Horizontal cleavage
32.		Vertical cleavage, showing strike
33.		Horizontal lineation
34.		Vertical lineation
35.		Penetrative lineation, showing bearing and plunge in combination with foliation symbol
36.		Sediment transport direction--Determined from dune forms
37.		Sediment transport direction--Determined from aeolian crossbedding in vertical section
38.		Sediment transport direction--Determined from dune bedding in horizontal section

FSC
www.fsc.org
MIX
Papier aus verantwortungsvollen Quellen
Paper from responsible sources
FSC® C105338

Printed by Books on Demand GmbH, Norderstedt / Germany